记录生活中的小美好。

我的插画日记

路上路的极简橡皮章

路上路 ○ 著

天津出版传媒集团 ⊚ 天津人民美术出版社

图书在版编目（CIP）数据

我的插画日记：路上路的极简橡皮章 / 路上路著.
天津 ： 天津人民美术出版社，2025. 1. -- ISBN 978-7
-5729-0562-9

Ⅰ. TS951.3

中国国家版本馆 CIP 数据核字第 202530QT31 号

我的插画日记 路上路的极简橡皮章
WO DE CHAHUA RIJI LUSHANGLU DE JIJIAN XIANGPIZHANG

出 版 人：杨惠东
策划出品：墨刻文化 MOCO
策划编辑：刘 珂
责任编辑：田殿卿
技术编辑：何国起
书籍设计：夏 鹏
出版发行：天津 人民美术出版社
地 址：天津市和平区马场道150号
邮 编：300050
电 话：022-58352900
网 址：http://www.tjrm.cn
经 销：全国 新华书店
制 版：天津市彩虹制版有限公司
印 刷：天津市豪迈印务有限公司
开 本：889mm×1194mm 1/24
印 张：8
版 次：2025年1月第1版
印 次：2025年1月第1次印刷
定 价：88.00元

我的插画日记

My
Illustrated
Diary

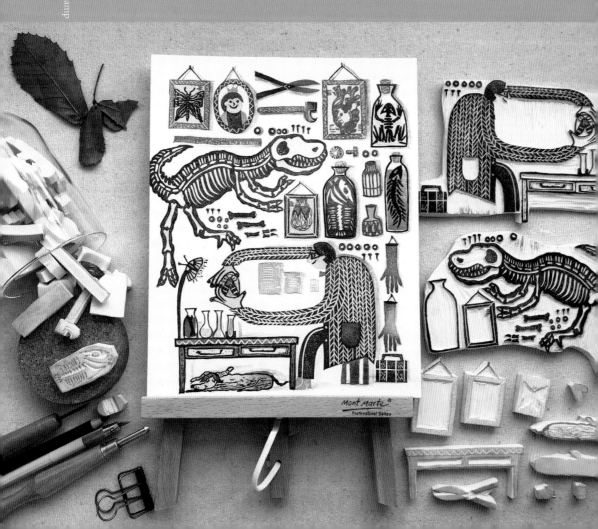

静静来享受我们的雕刻时间吧

PREFACE

为什么要用橡皮章完成一幅插画作品？
可重复性，特有的版画肌理，简单上手，无须基本功。

　　我一直在思考如何让更多的读者加入橡皮章这个队伍，在我的第一本书《橡皮章插画狂想曲》出版后，有些读者认为对没有手工经验的他们来说，橡皮章操作起来有点困难。这本书中我将继续研究橡皮章重复印刷的这一特点，用以少胜多的章子绘制出插画风格的作品，并且添加了详细的视频教程以及作品的原图图样。

　　在我的眼中，橡皮章其实就是绘画的工具而已，像水彩、彩铅、油画一样，它特有的版画肌理是其他绘画工具无法代替的，特别是和插画结合，特有的复古感和斑驳的肌理感会让插画锦上添花。在制作橡皮章的过程中，我是十分享受的，我也想让一些喜欢橡皮章的大朋友、小朋友感受到橡皮章带来的乐趣，因此在这本书中，我将复杂的图案简约化，以最少的章子制作出一幅大的插画作品，再加上了一些更自由的设计，比如和水彩、彩铅、拼贴结合起来，增加了趣味性，不再那么单一。我们可以由临摹到创作，但最终走向的是创作这条道路，这本书只是抛砖引玉，希望大朋友、小朋友可以创作出更多更棒的作品。

CONTENTS
目录

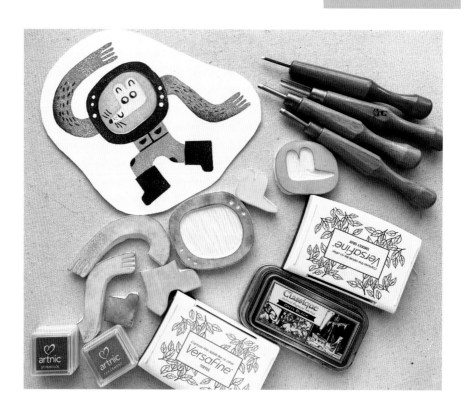

1

PART 第一部分

工具介绍

◎ 刀 具

角刀：是呈 "v" 字形的刀头，有一个角，所以叫作角刀，用来雕刻图案的外轮廓和一些线段，也可用来做肌理。准备小号、中号即可。

丸刀：是有弧度的刀头，也叫弯刀，用来给图案留白，把不需要留在纸上的橡皮章图案剔除掉。准备小号、中号即可。

刻刀：用来刻一些小几何形状，也可以雕刻边缘。

美工刀：切橡皮，切边缘。

◎ 橡皮砖

　　雕刻专用橡皮，书中所有橡皮砖都来自国产大白，共有两个尺寸：A4 大小和 20cm×15cm 大小。

◎ 彩 铅

　　在进行创作时，除了画纸、颜料、画笔这些主要工具外，一般还需要调色盘、铅笔、橡皮、纸巾、洗笔瓶。

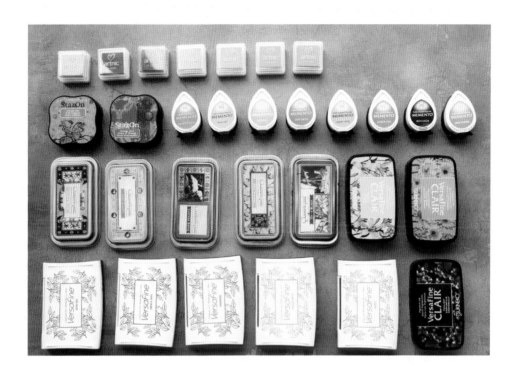

◎ 印　台

　　这是书中使用的全部印台，印台的种类各式各样，比较出名的印台品牌是日本月猫，选印台的时候我会挑选一些自己喜欢的色彩，买得少而精，喜欢的色彩有时候一连买好几个，一般黑色、灰色这些常用色要常备的，脸部的颜色一般用铁盒的 RAW SIENNA，剩下的暖色系（黄、橙、红）备几个即可，冷色系（绿蓝）中的绿的可多备几种颜色，用于制作植物。精细印台里的 TOFFEE 也经常使用到。

◎ 颜　料

　　本书中使用的固体水彩比较小巧方便，一般用来添画背景，所以对品牌没有要求。

◎ 印片纸

　　我经常使用的印片纸是纯白硬卡纸，又叫装裱纸，厚度为 1mm，这种纸的优点是表面不光滑，吸色，纸张有厚度，易于保存。还有素描纸、水彩纸，每张纸印出的纹路各不相同，有的是细细的纹理，像水彩纸是粗粗的纹理，根据画面的要求来选择纸张。印片纸的选择，在于多多尝试。

　　还需准备一些辅助工具，如铅笔、尺子、垫板、胶带、白乳胶、拷贝纸等等。铅笔一般使用 HB 的软硬即可，转印的图案比较好清理，不建议使用太软的铅笔。

2

PART 第二部分

雕刻方法

刻刀
的用法

拿到工具之后，轻松地练习。

◎ **角 刀** 长线条、曲线、短线条、交叉线。

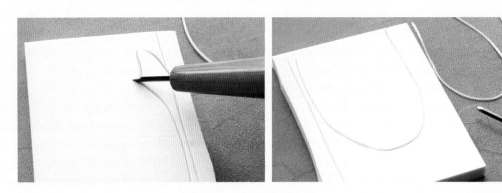

　　在我的第一本教程中，主要的刀具是刻刀，但后来我发现初学者对刻刀的掌握有一定的难度。那在这本书中，我主要运用的刀具是角刀，对于初学者来说更容易快速地掌握技巧，并且在效果上刻刀和角刀的区别并不大。

　　对于初学者来说，拿到刀具之后不要急，我们先来感受一下，这些刀具刻出来会呈现出什么样的效果，先用角刀刻一条长长的线条，中间不要断掉，雕刻时，要保持刀头与水平面呈30°角，不能直上直下，收刀的时候缓缓慢慢地往上抬，不要下压刀头，多练习几次之后你就会掌握角刀，放松来试试吧！

　　来吧，再来一条长长的弧线，雕刻的时候左手转橡皮，右手握好刀就可以了。这些长线条一般用来雕刻外轮廓。

　　再来试试短线条，粗粗的线条用点力，细细的线条轻轻地用力，两种线条收刀的时候一定要往上提，粗粗细细的短线条我们经常用于丰富画面的肌理。

　　再来一组交叉线吧，慢慢地感受下，这是练习而已。

◎ **丸 刀**　挖空。

　　丸刀不是用来刻轮廓的，而是用来留白的，不需要留在纸上的橡皮印，我们就用丸刀挖掉，丸刀下刀收刀的时候基本都是在一个水平位置，这样才不会挖出一个个的坑来。（具体用法参考视频）

◎ **刻 刀**　形状练习。

　　刻刀一般用于雕刻一些细小的几何图形，像圆形、正方形、叶形等等，相比于角刀来说，刻刀雕刻小图形还是很快的，刻刀拿刀角度始终是倾斜为 30 度的 V 形角。（具体用法参考视频）

技法教学视频

下面我们用刚才练习的线条来进行一个简单的几何图形和不规则图形的练习，再加上彩铅的小涂鸦，一幅抽象的装饰画就完成了。

装饰画的图形可以大一些，我用的是 A4 的橡皮砖。

1. 在草稿纸上随意地画出一些几何图形、不规则图形，注意这些图形要有大有小，用铅笔把图形描到拷贝纸上。

2. 将拷贝纸反转，对准橡皮砖。左手固定纸，如果图案过大，可以用胶带来固定。右手拿尺子沿着有图案线条的部分反复摩擦，直至图案被印到橡皮砖上。完成以后可以进行检查，如果图案不清晰，就放下再次刮印。

3. 用美工刀把要雕刻的橡皮
一块块切下来，大体地切割即
可，边缘不必太细致。

4. 现在开始用角刀雕刻这个三角形，这个三角形其实
就是我们之前练习的线条组成的三根直线，很简单吧？

5. 用美工刀把三角形周围多余的橡皮沿边缘切掉即可。

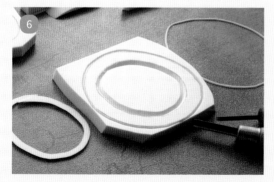

6. 现在我们刻圆，先用角刀把圆形的外轮廓刻掉，再用中号的雕刻内圆。圆形的雕刻技巧是右手拿刀、左手转橡皮。

  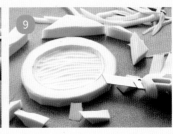

7. 这是一个空心圆，中间的部分我们不需要印在纸上，所以要挖空，丸刀保持水平状，轻轻向前推，最后的收刀依旧是往上提，排好顺序一条一条挖。

8. 丸刀走完第一遍，再来第二遍，把突起的地方挖平，直至印不到纸上就可以了，也不用追求特别平。

9. 用美工刀一点一点切掉边缘即可。

10. 同理，六角形和三角形的雕刻方法一样，先用角刀沿边缘雕刻出轮廓，再用美工刀切掉边缘。

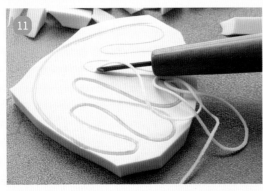 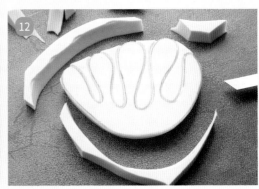

11. 不管是什么图案，都要先用角刀把图形的外轮廓刻掉。

12. 沿着图形边缘把多余的橡皮切掉。

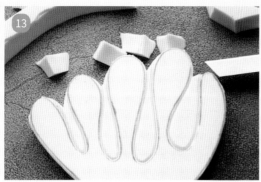

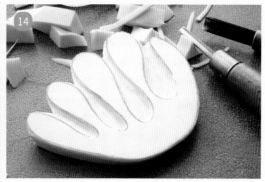

13. 为了美观，可以将边缘用美工刀再修饰一下。

14. 内部用丸刀把多余的橡皮剔除即可，注意大小丸刀的替换，特别细的地方也可以用角刀一点点挖掉。

15. 继续把花朵的图形雕刻出来，依旧用角刀先挖出外轮廓，再用丸刀把花心挖空。

16. 全部雕刻完后，将可塑橡皮搓成条状，在橡皮砖上来回滚动，把橡皮砖上的铅笔碎屑粘掉。另外，每次要印橡皮砖之前都可用可塑橡皮将橡皮砖上的碎屑粘掉，以免弄脏了印台。

17. 雕刻部分完成。

18. 下面进行拍色，把刻好的橡皮章放在工作台上，再将印台反放过来压在橡皮章上，均匀地拍压，直至橡皮砖上铺满印台的颜色。如果是小型的橡皮章，直接拿起它们，往印台上按压即可。

19. 将拍好颜色的橡皮章轻轻放在印片上，均匀地向下按压，不要过于用力，否则橡皮会移位和变形，然后快速利落地将橡皮章拿走，以免蹭花印片。

20. 依次印制其他图形，注意图案大小交替、色彩交替。印完一个颜色之后换色的时候要把上边的颜色清理干净，较浅的颜色可以用卫生纸擦干净后用可塑橡皮将上边的多余颜色粘掉，较深的颜色用温水加肥皂清洗晾干。

21. 印制完毕之后，用彩铅给图案添加一些表情、动作，点、线、面，丰富画面，添画的时候要放松，随意一点即可，没有对和错，只有敢不敢。

同样的章子，我们运用不同的颜色，就会变成另外一幅完全不同的作品，大胆尝试吧！做好的印片还可以装裱起来，变成装饰画。

3

PART | 第三部分

印台的使用方法

印台的套色与晕染

接下来我们了解一下印台的上色技巧，可以增加色彩的丰富性和层次感。

◎ 什么是套色？

一般情况下，我们看到的章子是一个颜色，但是，像图中这样，一个图案需要用到两种以上颜色的叫作套色，比如瓢虫是由黑色加红色构成的。套色的好处是可以变换不同的颜色。

◎ 过渡色怎样印？

过渡色的作用就是让一个图案的色彩变得有层次感，不那么单调，在橡皮章中过渡色的运用就是利用印台，如图，先拍一个绿色，再用一个较深的绿色把花朵的边缘拍一遍，就会达到过渡的效果。

有些印台本身自带过渡色，优点是比较方便，不用二次上色，缺点是颜色不能够自己搭配。

如右图，给大家做下对比，第一个只有一个颜色，第二个由两个颜色组成。第三个就是用渐变印台直接拍出来的效果，根据这个大家可以自己选择。

◎ 如何降低色彩饱和度？

降低色彩的饱和度可以使色彩没那么突兀，在橡皮章中可以用印台色的叠加来降低，在之后的作品中，我经常用到这种方法。

如左图，上边的是原色，下边的是降低饱和度的颜色。

用法：先在橡皮砖上拍出要用到的颜色，再用黑色或者灰色轻轻地拍上一层，注意力度要轻，否则会遮盖住下边本身的颜色。

◎ 色卡的制作

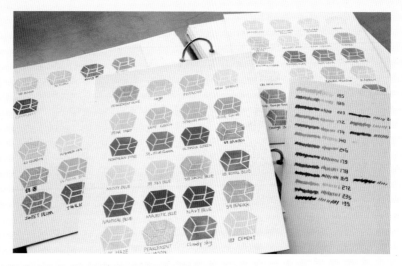

　　制作色卡的目的是更方便、直接地看到印台最终呈现到纸上的颜色，彩铅也可以制作色卡。

　　制作方法：随意雕刻一个章子，或者用边角料也可以，从浅色到深色，每印一遍就清理一遍，较浅的颜色用纸擦，较深的用肥皂和水清洗，颜色排列的时候最好按照色系来，这样更方便对比。印好后在下边标注好印台的名字。

◎ 工具收纳和章子的清洗

　　章子的收纳：我一般都会使用厚度为 2cm 的 A4 文件夹，也会放在一些废旧的纸盒里，储存时间太久的章子会粘连到一起，所以在放的时候要垫一张 A4 纸，将章子和塑胶盒隔开，如果橡皮章要叠放，也需要在中间垫上一张纸。注意章子要避免日晒，否则会产生裂纹。

　　章子的清洗：一般章子是不用清洗的，用清洗液的话，时间久了也会腐蚀章子，所以平时印完之后用卫生纸擦干净即可。太深的颜色或者送人的章子想清理掉颜色，用肥皂和水冲洗晾干即可。

　　印台的储存：这个就比较随意了，可用抽屉、桌面隔层、有厚度的文件夹等。

4

PART | 第四部分

关于创作的灵感

经常会被问到如何保持创作的灵感，没有灵感怎么办。毕加索曾说过，他是孩子时就画得像拉斐尔一样好了，但是他却花了终生的时间去学习如何画得像孩子一样。在平时我就喜欢看绘本，绘本不仅仅是给儿童看的，同时也是给大人看的。还有一些小朋友的作品，在他们的画中能够看到纯真，无关乎构图、比例，以表达内心为主，反而学习了太多的绘画理论就局限在条条框框里了，以下是我平时创作时积累的经验，分享给大家，希望会有一些帮助。

创作灵感

◎ 随身携带手绘本

自己风格的形成重要的一点，你需要去观察这个物品、动物、植物它们原来的模样，我们可以把它记录在自己的手绘本上，然后再用概括的方法去进行再创作，把它变成自己的风格。

◎ 反复琢磨

最初的时候，雕刻一只小狗，我需要使用套色，就是两个以上的章子才能完成，这使我觉得很麻烦，一些细节雕刻起来很浪费精力，我反复地琢磨之后发现，橡皮章和彩铅的完美结合可以把橡皮章简单化同时也不失效果，印出一只小狗的外形，再用彩铅完成细节，这是一件重新突破的事情，但是又是一件很完美的事情，初学者也更容易掌握。

　　在平时的创作中，我除了画一些手绘，也会捏捏泥做一些指偶，也常常用一些废旧杂志做一些拼贴，也会雕刻木头，这使我的思维更加开阔。综合材料的运用是未来插画的趋势，插画不单单只是画画涂涂，手工的添加增加了大大的趣味性和立体性。因此在用橡皮章创作插画时，我运用的一些拼贴的形式，使传统的橡皮章更加有趣味性。

◎ **草 稿**

　　大家看到的一幅幅轻松制作出来的橡皮章插画是在一张张的草稿中诞生的，有些时候，一幅完美的插画需要五六次的修改才完成，因此在创作上，不要觉得随手的一幅画就可以刻成橡皮章，需要认真地设计草稿，越到后来你越会知道设计草稿是多么重要的一件事情。

5

PART | 第五部分

插画创作

◎ **可爱的瓢虫**

印片尺寸:
30cm×21cm

可爱的圆滚滚的瓢虫,在绿色草丛中,红色的瓢虫是那么地吸引人,我们就用四个章子来完成这幅可爱的瓢虫作品吧。

1. 按照图样,雕刻出需要的橡皮章。先印出植物的茎,如果你不确定它们之间的距离,可以先用铅笔轻轻地定下位置,印完之后擦掉就可以了。你可以印三棵植物,也可以印六棵呦。

技法教学视频

2. 绿色的印台都可以拿出来了,深浅不同的绿色更有层次感,一棵植物上有几片叶子由你自己来决定。

3. 找出另外一张纸，厚一些的水彩纸更好，把之前教给你的套色的方法运用到这里，要几只瓢虫都可以哟。

4. 印好的瓢虫我们不需要剪刀就能搞定，用手轻轻地沿着边缘撕下来吧，最好留下一点点白色的轮廓，这样更具有装饰性。

5. 先摆一摆，看看放在什么位置合适，确定好位置，再用白乳胶粘上即可。

TIPS
小贴士

雕刻橡皮章的时候，沿着图案的边缘进行切割，这样容易对齐套色的边缘。印叶片的时候，要用不同的绿色印台交叉印，以免两片叶子的颜色相同，就没有叠加的效果了。

◎ 重复人物练习

印片尺寸：
30cm×21cm

一组简单的人物练习，
五个章子的华丽变身。

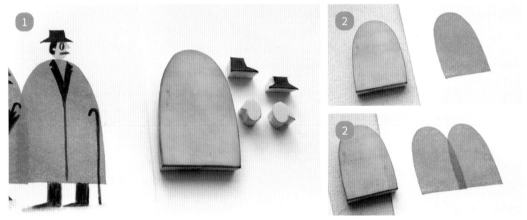

1. 根据图样，刻出需要的五个章子。注意刻完图案后，把章子的边缘沿着轮廓切干净。

2. 印片的大小根据章子的大小来定，确定好印片的大小之后，依次排列印制人物的身体，如果拿不准位置，可以用铅笔轻轻地定好位置。

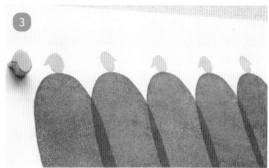

3. 接下来印制人物的脸，这里有一个细节，由于人物脸朝向同一个方向比较死板，所以刻了左右朝向的侧脸。

4. 帽子的造型有两个，可以自由印制。

5. 用黑色彩铅添加人物的头发、眼睛、胡须。

6. 给人物的服装增加造型，这里可以自由发挥。

7. 添画人物的腿。

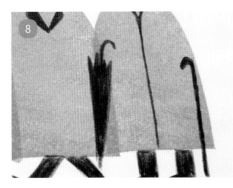

8. 还可以增加雨伞、拐杖等配饰。

9. 最后添画上人物的影子，增加立体感，依旧用黑色彩铅，下笔的力度要轻，与腿部的黑色区分开。

10. 完成。

技法教学视频

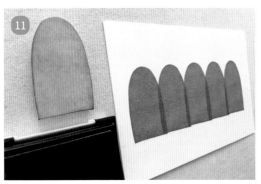

11. 之后的女生合唱团只
需要再雕刻一个正面的脸
形即可，印制方法同上。

12. 完成。

TIPS
小贴士 | 人物的数量、发型、配饰都可以自由发挥哟，印制出来的人物还可以剪下来制作成书签。

Rubber-stamps 033

◎ 趣味人物图形练习

印片尺寸：
26cm×33cm

　　随意有趣的几何图案，
经过彩铅的添加，变成了一个
个活泼的人物形象，非常具有
装饰性。

技法教学视频

1. 先在印片上摆上刻好的橡皮章，用铅笔轻轻定出位置，印好后擦掉即可。

2. 按照顺序一个一个上色，颜色的使用上可以活泼一点，图案的设计可以随意点。

3. 全部印完之后，用彩铅给人物形象添加五官、道具等细节，大胆地发挥你的想象。

4. 第一排的三个人物完成，
是不是很简单呢？

5. 继续添加第二排的人物。

6. 先画好人物的五官，再印乐器，这样比较好控制位置。　7. 依次添画四肢。

8. 第二排的人物添画完毕。

9. 给人物加上影子。

TIPS
小贴士 | 橡皮章特殊的肌理和彩铅的笔触形成了一幅完美的插画作品，在这里放开想象，大胆地画出自己的风格才是最重要的，加油！

◎ 四人舞

印片尺寸：
35cm×22cm

来一个四人舞怎么样？
或者你要来个六人舞？

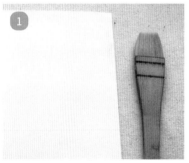

1. 先给印片纸换一个底色，用板刷蘸调好的浅黄水彩轻轻地刷一层，做出复古的旧旧的纸质效果。

2. 先印出左边起第一个人物，这样由左往右印。

3. 男生的服装运用套色的方法完成。

4. 依次印女生、男生、女生。

5. 人物印完之后，我们再完成细节，将
男生女生的脸部印出来。

6. 用彩铅画出人物的眼睛和腮红。

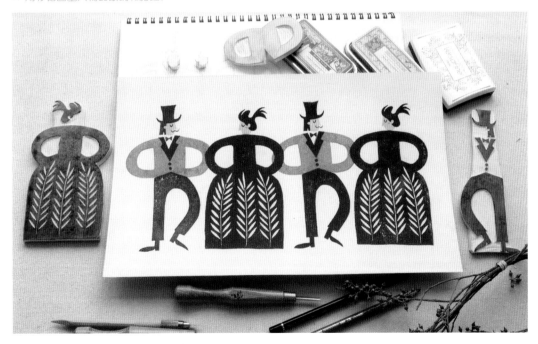

TIPS
小贴士　这幅画的难点就是四个人物之间的距离不好掌握，所以还是先用铅笔在纸上轻轻定好要
印的位置。我们还可以循环印刷，可以四人舞、六人舞，特别适合挂在餐桌旁，对吗？

◎ **四季的色彩**

印片尺寸：
23.5cm×35cm

利用图案的正负形，来完成一件既简单又有创意的橡皮章装饰画吧。

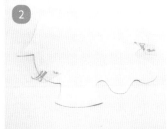

1. 按照附录图样雕刻出需要用的章子。

2. 剪出一个小女孩的侧脸形象，轻轻贴到印片上，用和纸胶带固定，方便一会儿撕去。

3. 拿出所有的绿色印台。

4. 用刻好的叶子橡皮章在贴纸周围重复印刷，注意临近的两片叶子不能使用相同的绿色。

5. 轻轻撕掉贴纸，继续填充叶子，注意不要印到中间的空白处。

6. 用灰色印台印出小鸟的形状。

7. 再用刻好的小圆点印出女孩的项链。

8. 用刚才撕掉的女孩贴纸继续填充叶子，
完成之后用白乳胶贴到另外的一张卡纸上。

9. 完成。这样可以一次印出来两幅作品，是不是很有趣？

10. 继续找出秋天颜色的印台
完成另外的两幅作品。

11. 男孩的形象和女孩
的制作方法一致。

12. 夏季的颜色我们可以选择绿色系和红色系混搭。

13. 接着完成冬季男孩的插画。

TIPS
小贴士 | 　一幅画利用正负形变成的两幅装饰画，这幅插画的特点就是用同样的章子打造出春夏秋冬四个季节的色彩，并且可以变换主体物，可以是女孩、男孩。

◎ 书签的制作

印片尺寸：30cm×21cm

1. 准备印台和薄厚适合的白色卡纸，先把图案铺满卡纸。

2. 剪出不规则形状。

图案的再利用，花朵植物的图案也特别适合制作成小清新风格的书签。

3. 用打孔器打出小孔。

4. 用麻绳系好即可。

◎ 蜜蜂蝴蝶

印片尺寸:
23.5cm×16cm

设计一对蜜蜂和蝴蝶宝宝，看似有难度，其实只要印制好身体，用彩铅添画四肢即可。

1. 先印出蝴蝶的身体。

2. 蝴蝶的翅膀是分开刻的，比起整体雕刻，后期我们比较好套色，印的时候注意区分左右呦。

3. 依次印出蝴蝶的花纹吧！你还喜欢什么样的花纹？可以试试自己设计。

4. 印出蝴蝶的脸部，注意只需要雕刻出一个脸部呦，蝴蝶和蜜蜂的脸部用同一块橡皮印制。

5. 用彩铅画出蝴蝶宝宝的发型、五官、触角、胳膊和脚丫。

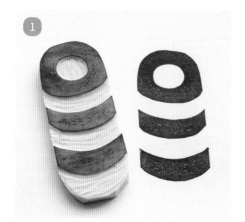

1. 接下来印制蜜蜂宝宝，这里用到套色的方法，先印出黑色的条纹。

2. 再来印制黄色的条纹。

3. 接下来的步骤参考蝴蝶宝宝。

◎ 三人行

印片尺寸：
25cm×16cm

这幅插画竟然是用两块章子制作出来的，没想到吧？耳环、烟斗、手部的制作方法是新知识，好好学习吧。

1. 先在印片上摆上刻好的橡皮章，用铅笔轻轻定出位置，印好后擦掉即可。

2. 依次印制人物的身体，注意这里我们使用到了之前学习的颜色混色的方法，打造色彩的层次感。有灰色和黑色的混色，还有灰色和咖啡色的混色，运用什么颜色也可以自己进行搭配。

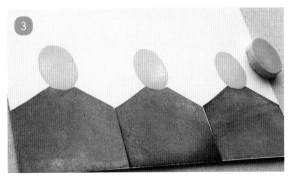

3. 印制出人物的脸，三个人物的脸用同一块橡皮。

4. 用黑色彩铅添画人物的发型和五官。

5. 接下来制作耳环，将印台色拍在人物身体的橡皮章上，拍色的大小只需要两个耳环的大小即可，注意耳环的颜色是橙色和黑色叠加出来的效果，先印橙色的底色，再用黑色轻轻拍出肌理，制作出做旧的效果。然后印到另外的白卡纸上，再剪出来两个三角形。

技法教学视频

6. 两个烟斗的制作方法和耳环的方法一样，用橙色和黑色混色，但是黑色的力度稍微大一些，稍微有一点橙色就够了，与耳环的色彩进行区分。

7. 人物的烟斗和手依旧使用剪贴的方法，粘贴之后用彩铅添加细节——指甲。

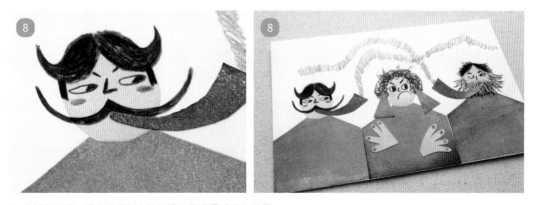

8. 全部印完后，用彩铅添加人物的腮红和烟雾缭绕的效果。

TIPS
小贴士 | 人物的数量和五官、发型都可以按照自己的喜好添加。

◎ 女 孩

印片尺寸：
28cm×18cm

用剪影的形式和
和平鸽创作一幅插画
作品吧。

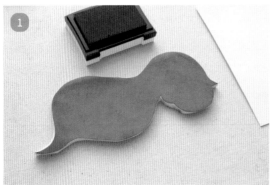

1. 印出女孩的头部，定出主体位置，先拍一层灰色。

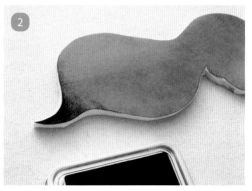

2. 再在发尾轻轻拍上黑色。

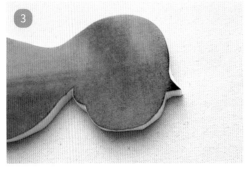

3. 再在鼻子尖轻拍黑色。

4. 女孩头部印制完成。

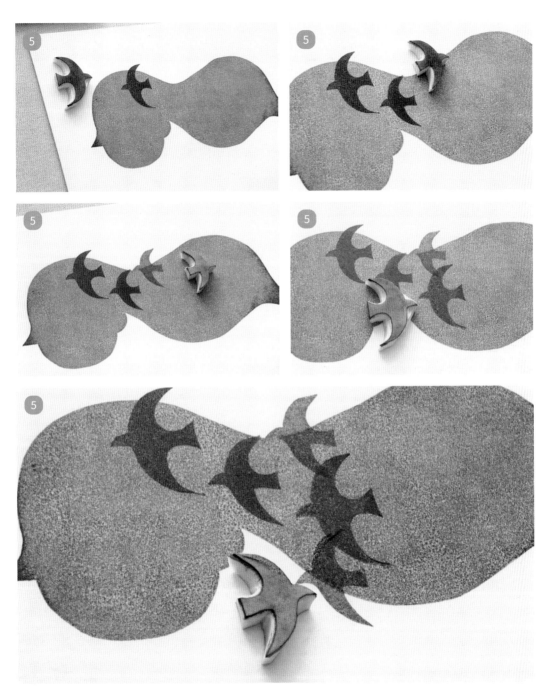

5. 用雕刻好的和平鸽印制到女孩的头发上，注意大小、位置的变化。

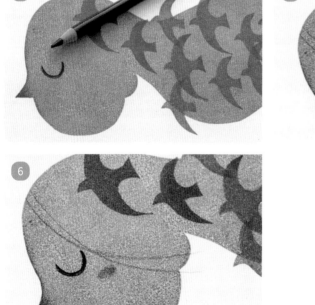

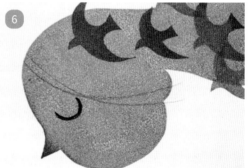

6. 添画出女孩的眼睛、头发和腮红。

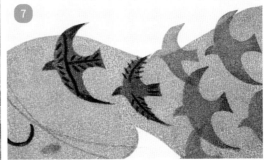

7. 依次添画鸽子的羽毛纹路，增加细节。

技法教学视频

8. 完成。

◎ 大 象

印片尺寸：
26cm×19.5cm

　　穿着鞋子
的大象要去约
会啦。

1. 先在印片上摆上刻好的橡皮章，用铅笔轻轻定出位置，印好后擦掉即可。

2. 用雕刻好的鞋子重复印出大象的四只鞋子。

3. 先确定叶子的位置，再印出花朵。

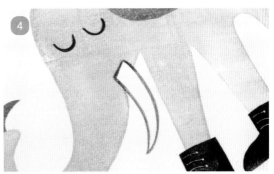

4. 添画大象的眼睛和牙齿。

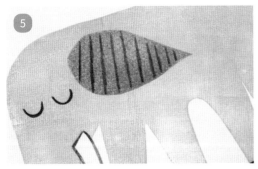
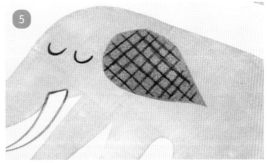

5. 继续添画大象耳朵的花纹。

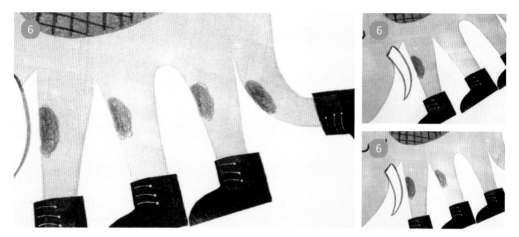

6. 用铅笔轻轻地添画大象膝盖处的纹理，增加细节。

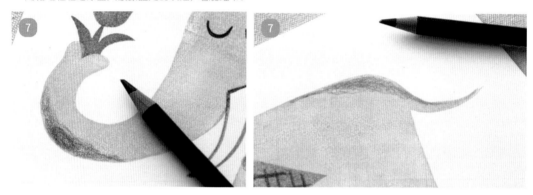

7. 继续添画大象鼻子和尾巴的阴影。

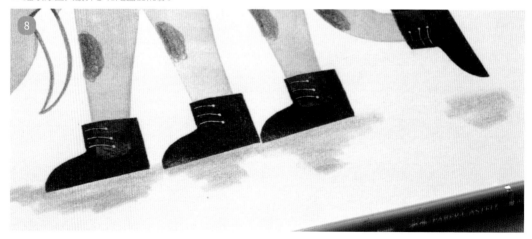

8. 用灰色铅笔添画大象脚底的阴影。

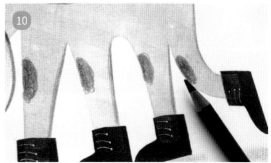

9. 轻轻添加象牙右侧阴影。

10. 用黑色铅笔添加大象四肢的侧面阴影，增加立体效果。

技法教学视频

TIPS
小贴士 ｜ 这里的鞋子是用同一个章子印制的。

◎ 魔术师的帽子

印片尺寸：
21cm×30cm

魔术师的帽子里都藏着什么呢？我们一起来制作吧！这里开始尝试雕刻稍微大点的章子，比如魔术师的帽子，找到附录图样开始拷贝吧！

1. 先印出魔术师的帽子，帽子作为一个主体。确定主体后添加其他图案。

2. 用过渡的上色法印出魔术师的脸部。

3. 依次印出头发和胡子的部分。

4. 用彩铅画出眼睛。

5. 现在开始印魔术师帽子上的图案，依次印出花，再用渐变法印出叶子。

6. 如图，依次印出和平鸽、苹果、星星。

7. 现在来印周围的一些图案，需要注意的是，画面外的图案需要在印片下部垫一张纸，以免弄脏桌布。

8. 完成作品。魔术师的帽子上除了这些，还可以有什么样的图案呢？发挥你的想象吧，再设计一个你心目中的魔术师形象。

TIPS
小贴士 | 重叠印刷时，需要等下部的颜色干透再印，可以借用吹风机吹干，以免出现晕染的效果。

利用魔术师帽子的部分章子图案，如花朵、和平鸽、星星，可以制作出漂亮实用的包装纸，这里的纸张运用到了牛皮纸，选择了珠光白色印台和常用的方盒 TOFFEE 印台。

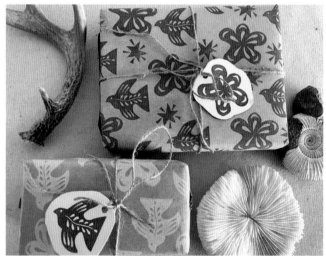

TIPS
小贴士 │ 印章可以自由组合，颜色也可以随意搭配，每一次创作都会有意想不到的惊喜。

◎ **鳄鱼先生**

印片尺寸：
17cm×25cm

在创作这幅插画时需要发挥你自己的想象，来给牙医添加不同的发型和装饰哦。

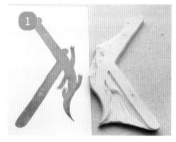

1. 先确定鳄鱼的位置，印出鳄鱼。

2. 再印出牙医，牙医的位置不容易确定，所以我们需要用铅笔定位，注意手部要留有一定的空间。

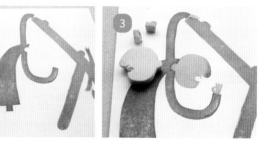

3. 用过渡方法印出脸部，依次印出手。

4. 再印出牙医的口袋。

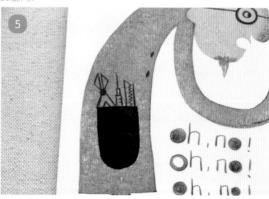

5. 看看牙医口袋里都有什么呢？用彩铅画出钳子、麻醉针管、锯等。衣服的扣子不要忘记添加。

6. 继续添加眼睛、头发、胡子、手中的放大镜，还有指甲的细节部分。牙齿用蓝色，坏掉的牙齿用黄色彩铅突出一下。

7. 用绿色彩铅添加鳄鱼的眼睛和花纹，添加之后是不是画面更丰富了呢？

8. 完成，后边的乌云和前面的字母也是丰富画面的哦。

技法教学视频

TIPS
小贴士

牙医的发型我们可以自己设计呦，还可以变化不同的颜色，总之没有两幅完全相同的插画作品，是不是很有趣呢？

◎ 飞船

印片尺寸：
25cm×17cm

和你的好朋友
一起坐着飞船去旅
行吧！

1. 印出飞船，确定
主体位置。

技法教学视频

2. 印出宇航员的身体，先拍一遍橘色，再用黑色轻轻拍，有一点颜色即可。

3. 印出宇航员的头部。

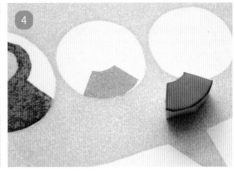

4. 依次印出小女孩的身体、头部和帽子。

5. 印出小老鼠，这里由灰色和黑色组成，先印一遍灰色，再用黑色轻轻拍小老鼠的耳朵。

6. 依次印出小男孩的身体、头部和两只手。

7. 如图，印出小星星。

8. 添画宇航员的头发。

9. 继续添画宇航员的眼睛和胡子。

10. 添画宇航员衣服的纹理，增加细节。

11. 添画小女孩的头发和眼睛。

12. 添画服装上的领子和扣子。

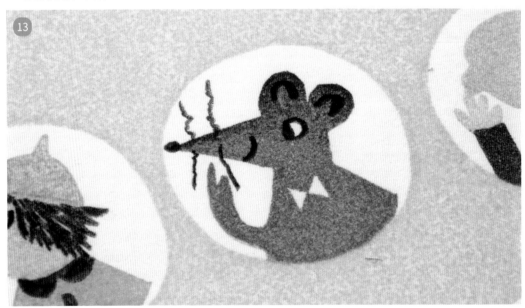

13. 添画出小老鼠的眼睛、胡子、嘴巴和耳朵的细节。

14. 继续添画小老鼠身上的毛发。

15. 添画出小男孩的头发。

16. 继续添画出小男孩的眼睛和嘴巴。

17. 利用可塑橡皮搓出小圆点，点染出小男孩、小女孩和小老鼠的腮红。

18. 用蓝色彩铅画出星星的光芒，增加细节。

19. 完成，添加完细节的画面更加生动有趣。

TIPS | 同一幅画，添加的细节不同，会让你的每一幅作品都独一无二。
小贴士 |

◎ **星星少年**

印片尺寸：
30cm×21cm

这里有一个少年，他总
爱收集不同的星星放在自己
的斗篷里。晚上来临，他就
会打开斗篷，闪闪发光。这
里继续运用橡皮章和彩铅、
剪贴的方法来完成。

1. 首先雕刻出星星少年的身体，注意这个章子
的尺寸有点大，刻完之后不要将边缘全部切掉，
留一点距离，方便手拿的时候不会弄花章子，
在拍色的时候必须拍均匀，可以多拍几次。

2. 依次印出脸部和手部，注意左右手的区分。

3. 用黑色和橙色添加出五官和腮红。

4. 继续用橙色轻轻地给手指上一个层次。

5. 添画鞋子。

6. 在另外一张纸上印出星星剪下来。

7. 用泡沫胶进行粘贴，泡沫胶比双面胶要厚，可以做出层次。

8. 用彩铅画出星星的笑脸。

◎ **和云住在一起**

印片尺寸：
24.5cm×17cm

这次我们尝试制作风
景，依旧是综合材料的运
用，将用到拷贝纸。

1. 根据草稿将要刻的图案画到拷贝纸上。

2. 转印，雕刻。

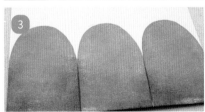

3. 用黑色和灰色印台依次印制出山，如果
底部左右有留白，印完之后裁掉就好了。

4. 印出山顶的房子。

5. 用黑色彩铅画出小路和篱笆。

6. 依次印出山上和山下的树，可以随意摆放，但是要有高低层次。　7. 画出树的影子，增加层次感。

8. 画出烟囱里冒出的烟。

9. 根据画的大小用拷贝纸剪出四朵大小不同的云朵，拷贝纸是半透明的，有透光的效果，所以适合做云朵。

10. 用胶棒固定，只粘云朵的中间点就可以，云朵两边会翘起来，有立体的效果。

11. 用彩铅画出通往云朵的梯子。

TIPS
小贴士 ｜ 山的大小、树的数量、云朵的多少都可以自己添加设计。

◎ 风 景

印片尺寸：25cm×19cm

用已有的小章子进行再创作吧，创作一幅风景画。

1. 用水彩调出土黄色。

2. 如图，用板刷在画面中间画一个底色。

3. 用黑色彩铅轻轻画出小路的形。

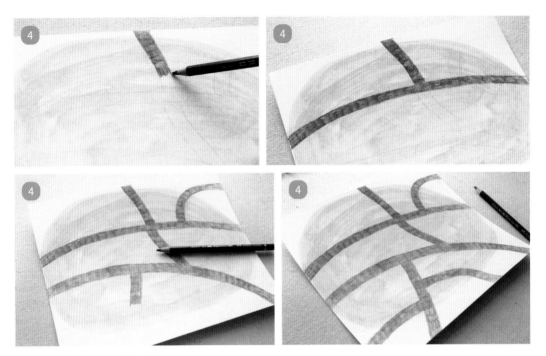

4. 用彩铅将小路的形状进行填充。

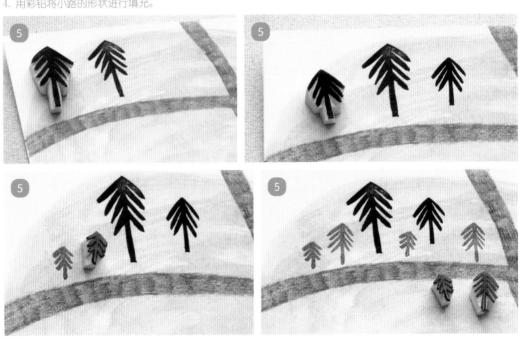

5. 依次印出路两边的树，注意树大小、颜色的变化。

6. 印出房子，房子由灰色和黑色组成的，先拍一遍灰色，再用黑色轻拍屋顶。

技法教学视频

7. 继续印出房子周围的树。

8. 印出汽车，位置可以自由变换。

9. 继续填充树。

10. 用黑色彩铅画出烟囱的烟。

11. 添画汽车尾气。

12. 继续添画汽车方向盘以及玻璃。

13. 继续添画树的影子。

14. 添画汽车的影子。

15. 用可塑橡皮点染汽车尾灯。

16. 用可塑橡皮点染窗户的灯光。

17. 完成。

◎ 秋 天

印片尺寸:
25cm × 17cm

用简单的几何形加上树枝创作一幅秋天的风景画吧。

1. 先从中间的树印起，确定主体位置。

2. 印出树冠。

3. 从主体树的两侧开始依次印出其他造型的树。

4. 注意颜色的变化，下半部分是灰色，上半部分是卡其色。

5. 如图，印出主树右侧的一棵树。

6. 这棵树在拍色的时候只拍上半部分，这样树就会矮一些，高低起伏的树会增加层次感。

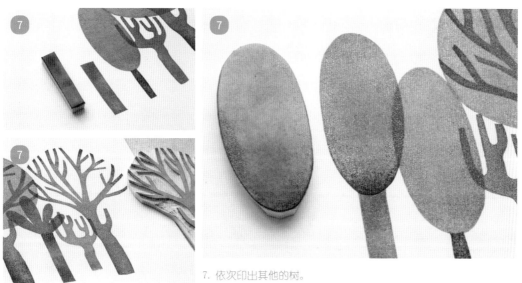

7. 依次印出其他的树。

8. 印制这棵树的时候也是一样，拍色只拍上半部分，并且要保证树干的下半部分是干净的，这样不会弄脏纸。

技法教学视频

9. 再印出另一个大的树冠，两个颜色要有区分。

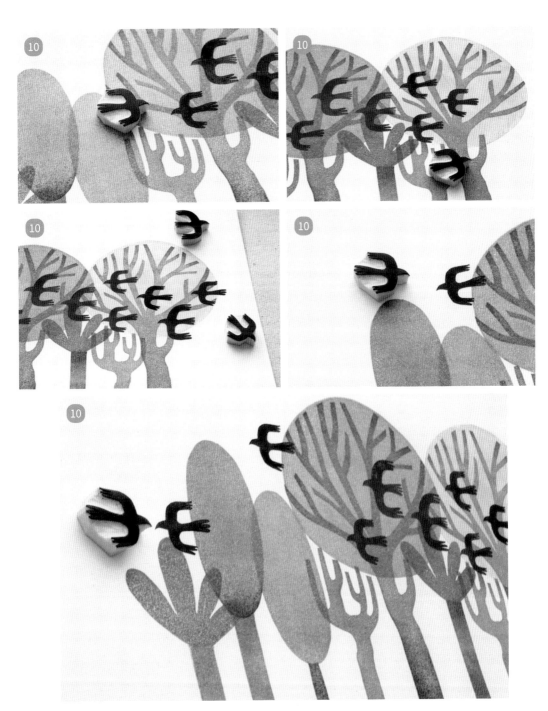

10. 如图所示，依次印出小鸟，注意位置、大小的变化。

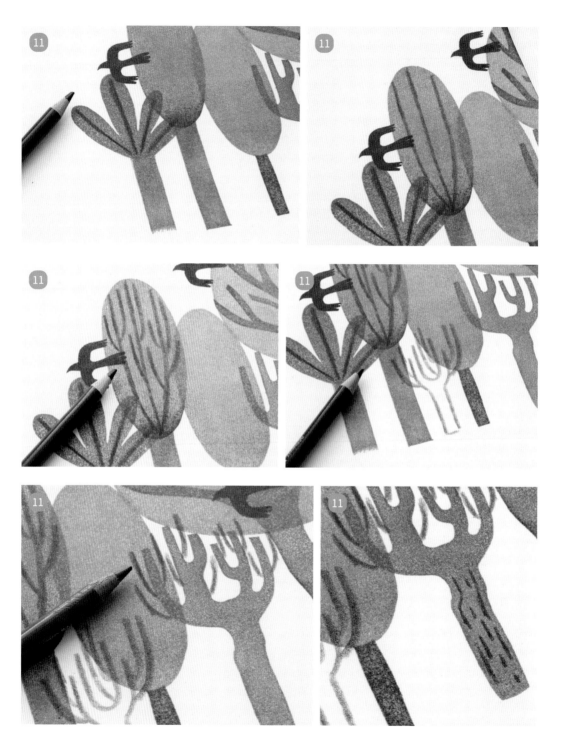

11. 如图所示，用彩铅给树木增加一些线条、纹理的细节。

12. 用棕色画出大树的阴影。

13. 再用黑色彩铅添画线条小鸟。

◎ **章鱼冰山**

印片尺寸：
17cm×23.5cm

在冰山里困着一只脾气不太好的章鱼，一艘船将要营救这只章鱼，这幅插画作品将运用到报纸或者废旧英文书籍的综合材料。

1. 准备一张废旧的报纸或者英文旧书用来当作冰山。

2. 用水彩给白色卡纸上色，做出旧纸张的效果。

3. 雕刻出章鱼橡皮章，用灰色和黑色的印台印到报纸上，注意较大章子的边缘都要留出一段空白，方便手拿印制。

4. 按照图案沿边缘将多余的地方撕掉后贴在一张方形纸上。

5. 印出轮船，添画烟。

6. 添画章鱼的表情和章鱼身上的纹路，用棕色彩铅轻轻涂出章鱼爪，做一个颜色的层次。

7

7. 完成。

TIPS
小贴士 | 章鱼的表情可以自由发挥，也可以添加英语，制作出像海报风格一样的插画。

印片尺寸：
20.5cm×14cm

将橡皮章运用到贺卡上是一种常见的方法，在平时也可以用一些边角料雕刻一些装饰用的小章子，美化手账或者贺卡。

 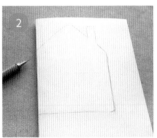

1. 准备白色卡纸，如图，对折。

2. 画出房子的外轮廓，如图，沿外轮廓裁掉一部分房子边缘，连接的部分不要裁。

3. 随意地印出袜子，注意中间要留出文字的位置。

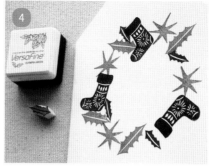

4. 如图，以花环的形状依次印出植物、星星、果实。

5. 用彩铅写出英文。

6. 在贺卡的背面印出圣诞树和星星。

7. 打开贺卡，在右下角印出星星，来一个呼应。用麻绳系一个蝴蝶结装饰一下。

印片尺寸:
26.5cm×18cm

马上要过圣诞节
了,鳄鱼先生开着心爱
的拖拉机从市场买回来
一棵漂亮的圣诞树,我
们一起来制作吧。

1. 先确定拖拉机的位置,印出拖拉机。

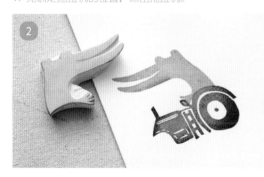

2. 再印出鳄鱼先生的身体,在下颚的地方可以拍一点
灰色。

3. 印出拖拉机的前轮,这里的前轮是分开雕刻的,
是为了一会儿印制拖拉机的后轮。

 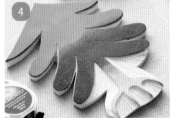 

4. 现在给圣诞树上色，用较浅的绿色拍出圣诞树的上半部分，再用较深的绿色拍出圣诞树的下半部分，树干树根拍棕色。

技法教学视频

5. 印出星星。

6. 用刚才的前轮印出后轮。

7. 添画鳄鱼的眼睛。

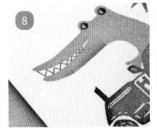

8. 继续添画鳄鱼的牙齿。

9. 添画领结和花纹。

10. 添画拖拉机的烟。

11. 画出鳄鱼先生的腮红。

12. 用绿色彩铅添画圣诞树的肌理。

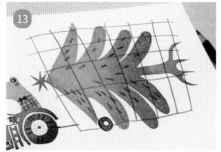

13. 用黑色彩铅添画车篷，线条放松，不要过于死板。

14. 用灰色彩铅画出拖拉机和树的阴影。

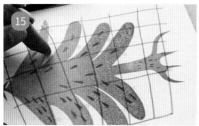

15. 用可塑橡皮点染黄色的圣诞灯。

16. 继续用棕色彩铅添画树干的细节。

TIPS
小贴士 | 圣诞树上的灯也可以做成彩灯的效果。
雕刻的圣诞树我们也可以单独印制出来做装饰。

大野狼日历尺寸：
10.5cm×13.5cm

日历是常用的日用品，亲手打造一个橡皮章日历吧！

1. 将图样拷贝转印到橡皮砖上。

2. 按照图样雕刻出需要的章子。

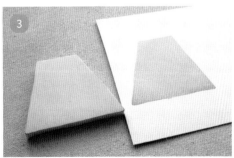

3. 先印出大野狼的身体，这样比较好确认头部、尾巴的位置。

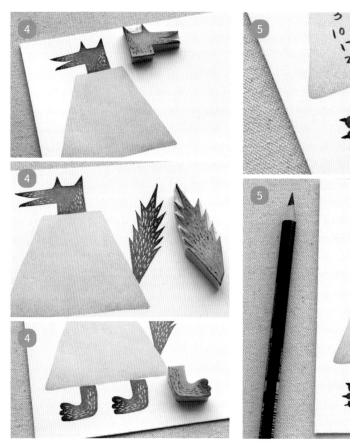

4. 如图，再依次印制出大野狼的头部、尾巴和爪子。注意，这里的头部、尾巴和爪子都运用到了灰色、黑色过渡色。

5. 用黑色彩铅添画眼睛、牙齿、指甲，对照日历添加日期。

6. 先印制大熊的身体。

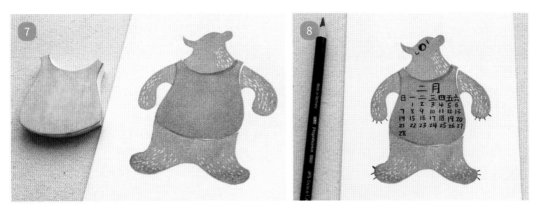

7. 再印制大熊的衣服。

8. 添加二月份日历。

9. 如图，先印出大树的外形，再用黑色彩铅添画树叶和三月份日历。

技法教学视频

10. 先确定房子的主体。

11. 再印出烟囱和房顶。

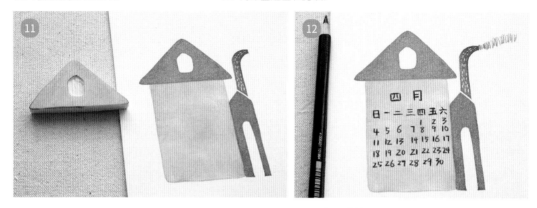

12. 添加四月份日历。

13. 预留一点边缘剪下来，注意底部需要预留多一些，否则放进照片夹时就会挡住部分图案。

14. 剩下的月份重复印刷就可以了。

TIPS 小贴士 | 图片中用到的是胡桃木的照片夹，用来放日历再好不过了，大的尺寸还可以摆放插画作品。

印片尺寸：19cm×16.5cm

如何把自己的画立
起来，一起来制作吧。

1. 先印出货车，定出主体位置。

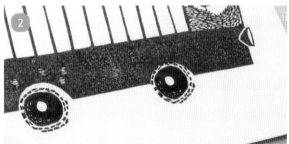

2. 再印出轮子，这里的轮子是和车体分开的，为了后期利用软件制作橡皮章动图。也可以把轮子和货车刻在一起，这样印制比较方便。

3. 印出蓝色的窗户。

4. 这里鳄鱼全身需要三种颜色，首先用稍浅的绿色全身拍一遍。

5. 再用稍微深的绿色轻拍鳄鱼的嘴巴和尾巴。

6. 最后再用黑色印台拍出鳄鱼的眼睛和脚。

7. 将鳄鱼印在笼子的最下方。

8. 再印出剩下的三只鳄鱼，颜色要有变化，注意这里的鳄鱼分左右方向，所以雕刻的时候需要雕刻两只鳄鱼。

9. 用绿色彩铅添画鳄鱼身上的花纹，花纹要有变化。

技法教学视频

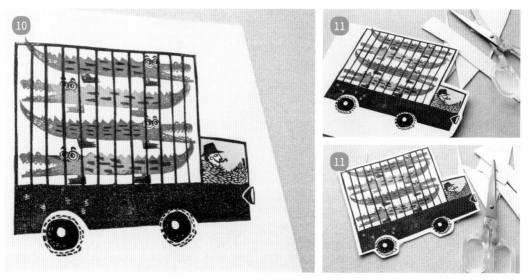

10. 完成。

11. 沿边缘剪出货车，这里稍微留一点白边
会更美观。

12. 利用剩下的废纸剪出以上两个形状，用来当支撑。

13. 如图所示，在轮子下的位置剪开一个小口。

14. 将纸片组装上去。

◎ **鲸鱼森林**

印片尺寸：
33.5cm×23.5cm

在森林的深处的海湾
有一头正在睡觉的鲸鱼，
悠然自在，从不被打扰。

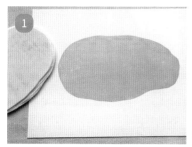

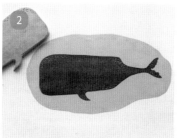

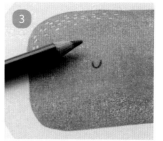

1. 先在画面中印出蓝色的大海，定出大
海的位置，才能定位出剩下的元素。

2. 印出鲸鱼。

3. 用黑色彩铅画出鲸鱼的眼睛。

4. 印出小房子。

5. 印出森林，注意不同绿色的排列、大和小的排列。

6. 用彩铅画出房子的窗户、瓦、炊烟，还有树干和肌理。

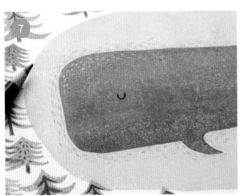

7. 继续细节，画出鲸鱼周围的波纹，丰富一下画面。 8. 印出小船。

9. 画出帆绳。

10. 画出树和房子的影子。

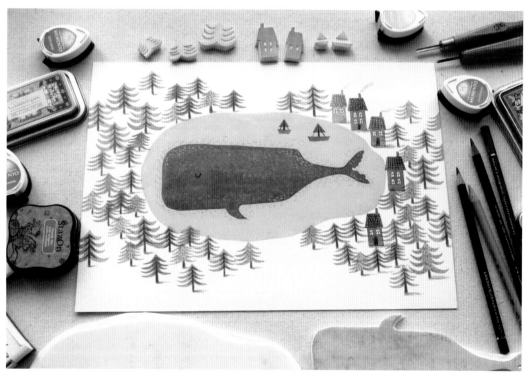

TIPS
小贴士 | 房子和树的数量可以自己添加，画面可以再丰富些。

◎ 微观世界

印片尺寸：
38.5cm × 40.5cm

我们看看在微观世界里昆虫发生了什么样的变化？它们可能是一辆辆交通工具呢！

1. 根据草图选择出要雕刻的图案，拷贝到拷贝纸上。

2. 雕刻出橡皮章。

3. 先印制出花的枝干，这样好确定 4. 在给花朵上色的时候，可以用黑色和咖啡色做一个层次感。
出花的位置。

5. 如图，依次印制左右两边的叶子。

7. 接下来印制小昆虫，需要印制到比较薄的白纸上，这样方便
剪贴。

6. 同样的方法，再印制另外一朵花。

8. 剪下来之后，可以随意地拼摆，位置全部确定之后再粘贴上去。

9. 给昆虫汽车添画表情、翅膀等。

技法教学视频

10. 依次印制下方的植物和小花。

TIPS
小贴士 ｜ 花朵的数量和颜色，以及昆虫的数量、位置都可以自己来决定。

印片尺寸：
21cm×29.5cm

如果设计一个你自己的家，你希望在家里都有谁呢？我希望有很多花和两只小猫咪。

1. 先印出房子的主体再印房顶，位置可以用铅笔确定一下。

2. 印出小女孩，头发用黑色印台，衣服用橙色印台。

3. 依次印出两只小猫。

4. 印出小女孩的脸和蝴蝶结。

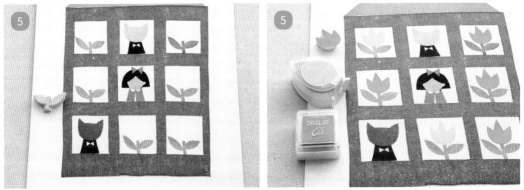

5. 继续印制叶子和小花。

6. 用彩铅画出小女孩和小猫咪的五官。

7. 用可塑橡皮蘸取橙色印台，印出小猫的蝴蝶结。

◎ **一条大围巾**

印片尺寸：
28.5cm×16cm

橡皮章到底还能
玩出什么花样呢？把
水彩、彩铅、拼贴结
合起来吧，来丰富橡
皮章的世界！

1. 印出三个人物的上衣，间距可以先用铅笔打下草稿。

2. 依次印出三个人物的脸部。

3. 印出领子和腿部。

4. 帽子的颜色可以选择鲜艳一点的。

5. 用彩铅添加发型和五官，三个人物的发型、五官都可以变化呦，服饰的花纹也可设计得不同，使画面不再单调。

6. 找出一块空白橡皮砖，拍上咖色直接印到空白的水彩纸上。

7. 围巾的长度可以在印片上打好草稿，利用拷贝纸转印到印好的水彩纸上，然后剪下。

8. 用白乳胶将围巾粘上。

◎ 宠 物

印片尺寸：
25.5cm×14cm

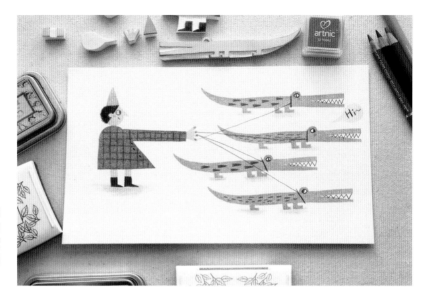

如果我有宠物，我想养四只鳄鱼，你想养什么宠物，可以就此主题来创作。

1. 先确定人物的身体的位置，这样更方便之后确定鳄鱼的位置。印台上色，先拍出人物身体的灰色，然后再用黑色拍出鞋子的颜色。

2. 依次印出人物的头部、手、腿和帽子。

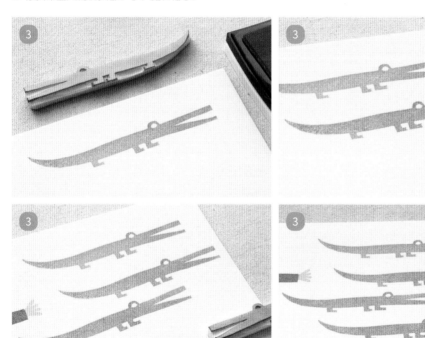

3. 印出四只鳄鱼，鳄鱼的位置前后要有变化，间距适当。

技法教学视频

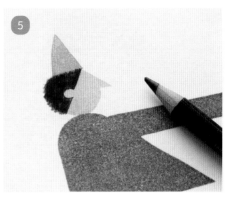

4. 印出对话框，位置可以自己定。

5. 用黑色彩铅画出人物的头发。

6. 继续画出人物的眼睛、嘴巴。

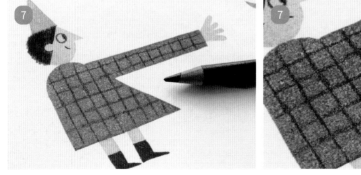

7. 添加人物服装的花纹以及纽扣。

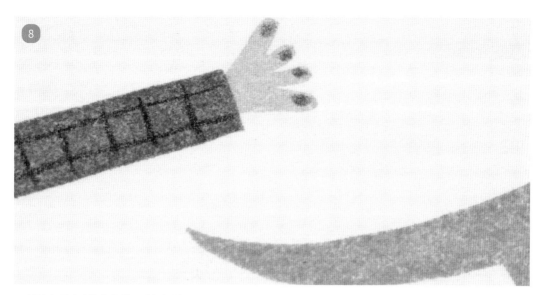

8. 用棕色画出人物的指甲，增加细节。

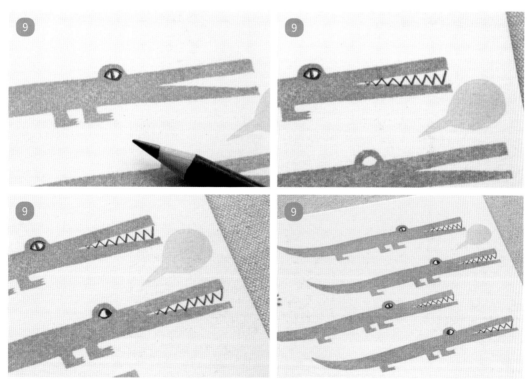

9. 添画鳄鱼的眼睛和牙齿，眼神要有变化。

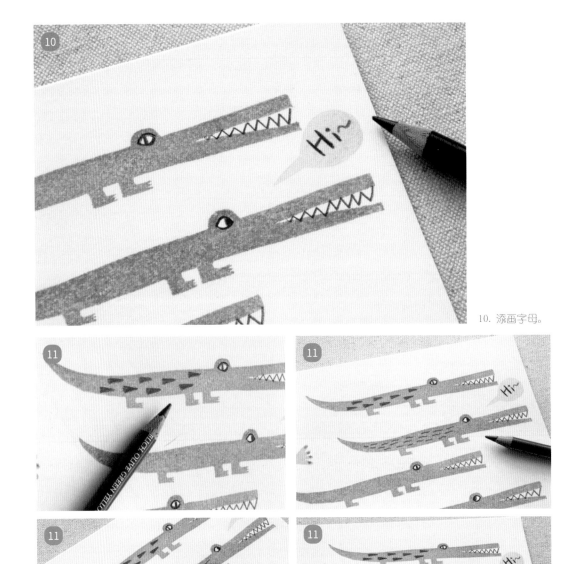

10. 添画字母。

11. 用绿色铅笔添画鳄鱼身体的花纹，花纹可以有变化。

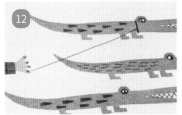 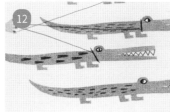 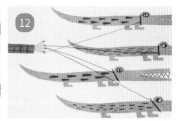

12. 用黑色铅笔添画鳄鱼的牵引绳。

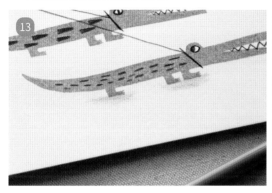 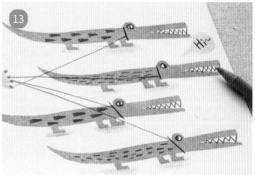

13. 用灰色铅笔添画鳄鱼脚下的阴影。

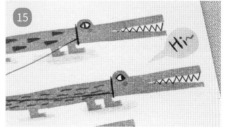

14. 用灰色铅笔继续添画人物的阴影。

15. 利用可塑橡皮搓出小圆尖，蘸取印台色点染出人物和鳄鱼的腮红。

TIPS
小贴士 | 印制鳄鱼是同一个章子重复使用。

◎ **彩虹雨**

印片尺寸：
28cm×20.5cm

美好的相遇从一
场彩虹雨开始吧！

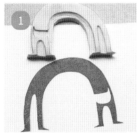

1. 先印出猫咪的位置。

2. 依次印出女孩、男孩的身体。

3. 印出脸部和头发。

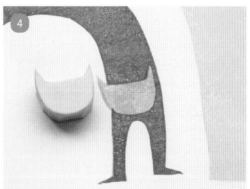

4. 印出猫咪的脸部。

5. 依次印出猫咪身下的花盆和花。

6. 用棕色彩铅添加女孩的衣服纹路，黑色彩铅画
出人物的五官、蝴蝶结、腮红。

7. 继续添加猫咪的五官和花纹、人物的鞋子。

8. 添加彩虹雨，完成。

◎ 花房姑娘

印片尺寸：
32.5cm×24cm

每次去花房的时候心情就特别好，如果加上优美的音乐那就更好了，一起来制作吧。

1. 先用黑色印出女孩和猫咪。

2. 依次印出吉他、手、脸部和帽子。

3. 用彩铅画出眼睛、帽子尖和手指的细节、花房的门，然后用板刷刷出花房的形状。

4. 随意地印出植物，注意植物要有高有低，体现层次感。

5. 用彩铅添加植物的细节和花房的屋顶。

TIPS
小贴士 ｜ 花房的植物可有多种设计，或以植物为主，或以花为主。

◎ 各种各样的桥

印片尺寸:
33cm×23.5cm

如果设计一座桥,
你会设计什么样子的
呢?

是鳄鱼大桥?大灰
狼、老鼠大桥?还是小
猫咪大桥?

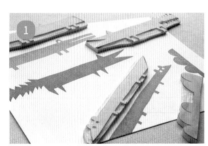

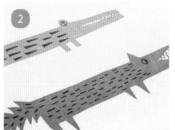

1. 先印大桥,定出位置。

2. 用彩铅添画鳄鱼、大灰狼、小老鼠的花纹。

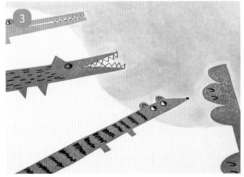

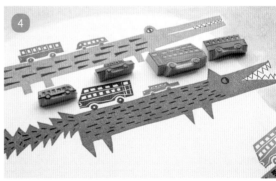

3. 用水彩画出城市的轮廓。

4. 依次印出大桥上的车辆。

5. 印出轮船，再用彩铅添画车辆（使画面丰富但又不显得太满）和大桥的桥墩，加上阴影。

6. 用水彩画出城市的轮廓。

7. 继续用彩铅添加植物的细节。完成。

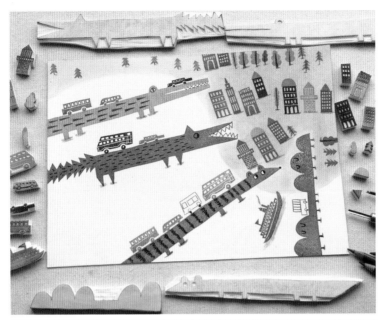

◎ 街头一景

印片尺寸：
33cm × 24cm

你家附近的街景是什
么样的呢？这幅插画的重
点是房子花纹的添加，不
过对于越来越熟练的你简
单多了。

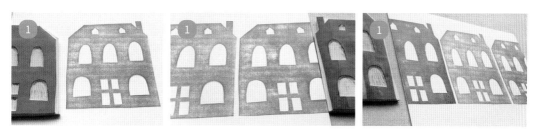

1. 重复印出三栋房子，颜色深浅要有变化。

2. 用黑色和棕色添加房子的纹路，大胆地随意添加！

3. 用另一张水彩纸印出人物。

4. 添加人物五官、发型、服装和腿部,注意人物的 造型不同。

5. 剪下来,一些细节部分可以用刻刀刻下来。

6. 继续制作小女孩。

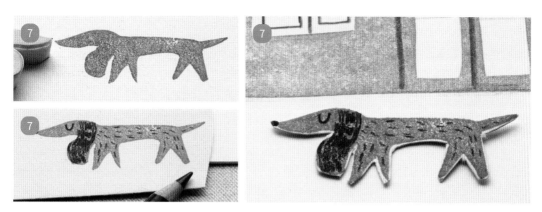

7. 印制小狗，添画细节，剪下来。

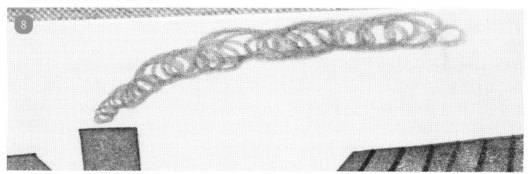

8. 继续丰富画面，可以添加烟雾。

9. 用白乳胶把人物粘上，然后画出阴影。

印片尺寸：
29.5cm×21.5cm

《哈尔的移动城堡》里
的苏菲有一个特别漂亮的帽
子店，让我们也来利用橡皮
章的重复性，制作一个漂亮
的帽子店吧。

1. 确定女孩的位置。

2. 依次印出女孩的脸部和发型。

3. 把裙子印完整。

4. 印出女孩的双手。

5. 继续印出帽子和帽子上的装饰。

6. 先确定镜子的位置。

7. 再依次印出镜子里的女孩。

8. 印出女孩周围的瓶子和植物。

9. 印出猫咪。

10. 印出墙上的帽子，帽子的造型随意搭配。

11. 用彩铅添画出人物和帽子的细节。

12. 继续添加植物、猫咪、花瓶和帽子的细节。

13. 最后用水彩刷出地板。

◎ 昆虫展

印片尺寸：
33cm×23.5cm

在昆虫展上有什么
事情在发生呢？有一只
不知名昆虫偷偷跑出来
啦，它要干什么呢？

1. 先从人物印起，可用铅笔定出大体位置。

2. 再印出小女孩的服装。

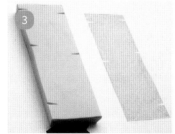

3. 依次印出画框。

4. 印出脸部。

5. 印出昆虫人。

6. 继续添加画框，注意画框摆放的方式可以横放或者竖放。

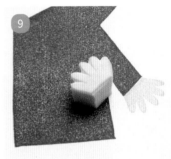

7. 印出画框里的昆虫。

8. 依次印出昆虫人的脸部和腿部。

9. 印出人物的手部。

10. 印制画框里的昆虫。

11. 用彩铅添画细节。

12. 印出狗狗。

13. 继续添画细节。

14. 用水彩添画灰色的地板和画框的阴影。

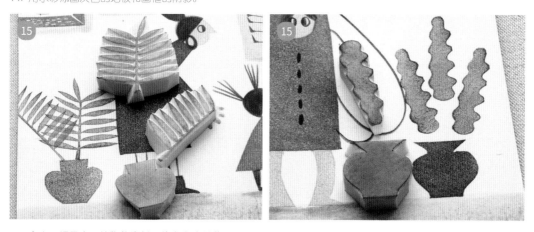

15. 拿出《帽子店》植物的素材，依次印出植物。

16. 继续用彩铅添加植物的纹理，完成之后我们需要审视一下我们的作品，如果有觉得空白的地方，我们可以继续印画框。

◎ **贝壳书**

印片尺寸：
8.5cm×9.5cm

贝壳是的大海里的
宝石，做一本贝壳书把
这些美丽的贝壳收藏起
来吧。

1. 这次用到石板棉絮卡纸，在卡上画出贝壳的外轮廓，然后剪下，依照此形剪出若干备用。

2. 先制作贝壳书的封面，依次将雕刻好的贝壳印到卡纸上，注意颜色的深浅的变化。

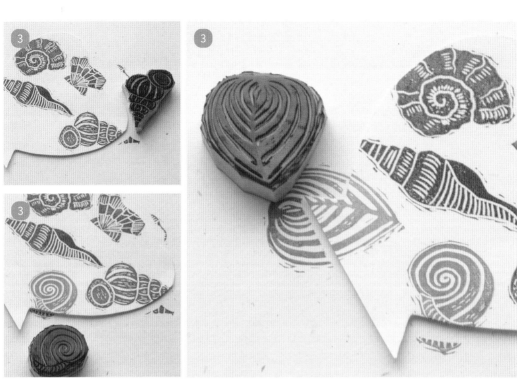

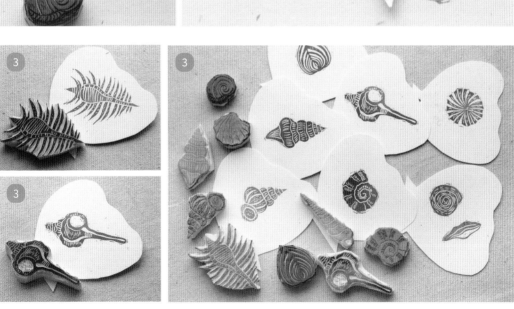

3. 再印纸贝壳书的内页，这里可以依照自己的喜好排版。

4. 印制贝壳书的封底，封底和封面的布局可以变化一下。　5. 用打孔器打孔，穿上麻绳即可。

6. 完成。

TIPS
小贴士　　　雕刻剩下的边角料可以用来刻一些小的贝壳橡皮章，制作贝壳贺卡、手账等。

印片尺寸:
25cm×14.5cm

让我们来当一次服
装设计师，利用章子的
重复性。人物身体不变，
给人物加上发型，服装
配饰吧。

1. 用刻好的章子印出人物的身体。

2. 依次印出人物的头发和上衣。

3. 裙子的颜色需
要印两遍，第一遍
绿色，第二遍灰色，
这样可以降低颜色
的饱和度。

4. 依次印出人物的两只靴子。

5. 用可塑橡皮搓出一个尖头，蘸取灰色，点染人物的项链。

6. 用灰色色彩铅轻轻画出人物的眼睛和衣服纹路。

7. 最后，用棕色彩铅画出手指和膝盖的阴影。

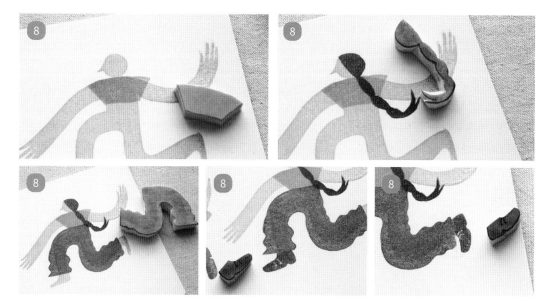

8. 继续印制下一个人人物的造型，如图，依次印出人物的上衣、发型、裤子和两只靴子。

9. 给人物加上饰品。

10. 用灰色、棕色彩铅加上人物的服装纹理、腮红和手指阴影。

11. 继续印制下一个人物的发型和裙子。

12. 添画人物的发尾、眼睛、腮红、手指阴影、鞋子和丝袜。

13. 如图，按照顺序印制人物的发型和服装。

14. 最后添画人物的眼睛、腮红、耳环、服装纹理和手指阴影。

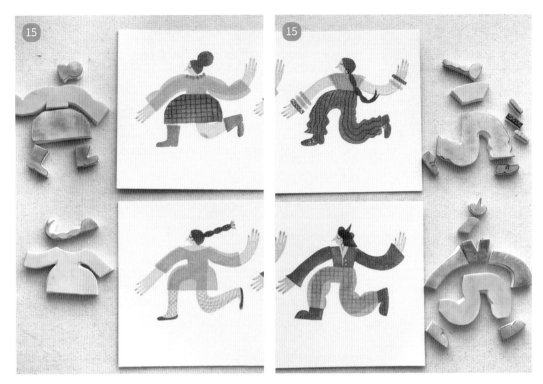

15. 完成。

在搭配颜色时，尽量四个人物的服装颜色统一一些，比如，每个人物的上衣、裤子或者裙子都有黄色，这样看起来舒适度高一些。单幅摆放也是不错的选择。

印片尺寸:
51cm×22cm

几块橡皮章就可以创
作一幅大大的街景，来体
会一下橡皮章的可重复性
的趣味吧。

1. 从左至右依次印出房子，排列的顺序可自己决定，用过渡色可以体现斑驳的墙。

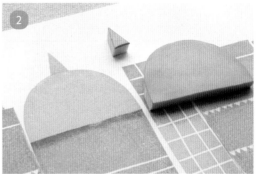

2. 再印屋顶的一
些细节。

3. 把刚才房子的橡皮章反过来拍上印台色。

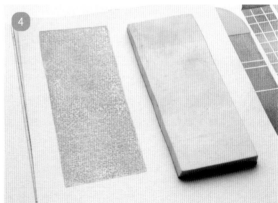

4. 印到一张新的厚素描纸上。

5. 印上小窗户，位置随意。

6. 继续印另外的窗户。

7. 把刚才印的窗户剪下来，用白乳胶贴到房子上。

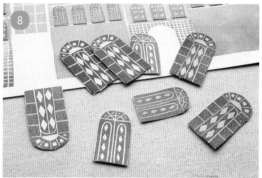

8. 用同样的方法来
印门，并贴上。

9. 补充细节，把柱子、小窗户印完整。

10. 印制汽车，用海绵胶粘上，突出层次感。

11. 用彩铅添加细节，烟囱的烟、云朵、地面。

印片尺寸：
20cm×25cm

在实验室里有好多
可以表现的素材，用这
个主题创作一幅充满细
节的橡皮章作品吧。

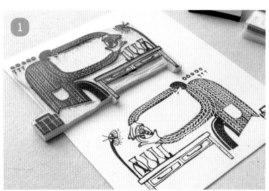

1. 先印出男孩和桌子，定出主体位置。

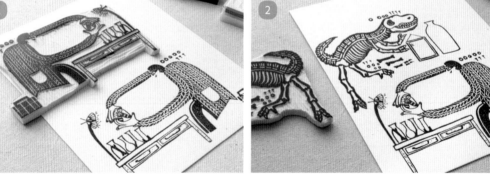

2. 再印出恐龙和画框、瓶子。

3. 印出恐龙上部的尺子。

4. 再印出画框，画框是棕色，挂绳是黑色。

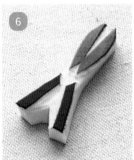

5. 再印出另一个画框，画框是黑色，绳子是棕色。

6. 继续印制工具，后半部分是蓝色，前半部分是灰色。

7. 印制锤子，前半部分是灰色，后半部分是棕色。

8. 继续印制画框，框身棕色，挂绳是黑色。

9. 印制画框下边的零件。

10. 如图，依次印出瓶子和罐子。

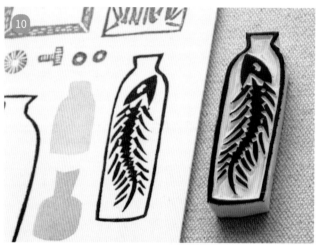

技法教学视频

11. 印出两只手套，先拍一遍橙色，再轻拍一点点黑色。

12. 黑色印出手套的挂绳。

13. 如图，依次印出画框里的蝴蝶标本。

14. 如图，依次印出小男孩的衣服、脸和皇冠。

15. 印出背景颜色。

16. 继续印制工具中间的零件。

17. 印制画框背景色。

18. 印制瓶子里的颜色。

19. 印制瓶塞。

20. 待背景色干透之后再印制图案。

21. 依次印制出果实图画。

22. 继续印制瓶子里的标本，注意运用颜色渐变。　23. 印出瓶塞。

24. 待瓶子底色干透后，印制瓶子的外形。

25. 继续给标本印制背景色。　26. 印出瓶塞。

27. 印出脸部。

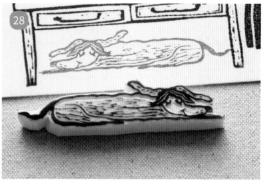

28. 在桌子下印出小狗。

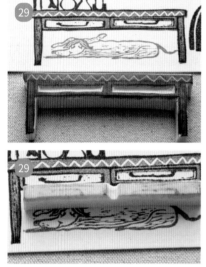

29. 依次给桌子、抽屉上色。

30. 印出口袋，先拍一遍黄色，再轻轻拍一点黑色，做出旧旧的效果。

31. 印出板凳。

32. 印出贴在墙上的纸张。

33. 依次给手上色。

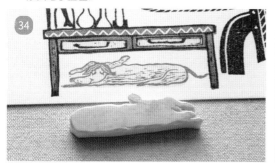

34. 给小狗上色。

35. 继续给台灯上色。

36. 印出鞋子。

37. 继续给飞蛾上色。

38. 依次给瓶子上色。

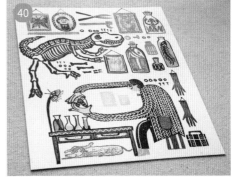

39. 印出领结。

40. 印制的部分完成，接下来进行添画，增加细节。

41. 给画框、工具、标本添画影子，增加立体感。

42. 继续给恐龙标本和人物添画影子。

43. 用棕色彩铅给恐龙上色。

44. 画出人物腮红。

45. 给照片中的小男孩画出腮红。

TIPS

小贴士

这幅作品算是本书中比较有难度的作品，这个时候你会发现，雕刻橡皮已经不是最难的一个部分了，最难的是在印制作品时的对版，章子越多，越需要沉住气，一步一步慢慢去完成，加油，完成这幅作品，你已经是最最厉害的了！

172　　My Illustrated Diary／我的插画日记

6

PART 第六部分

彩蛋（木刻）

木刻
印章

除了橡皮章，我最近还迷上了木刻。类似于饼干印章的木刻，操作起来容易上手。跟橡皮章一样，起初就是想把一些内心的感触、想法用木刻表现出来。从平面到立体，不管是什么材质、什么方式都是在表达故事，我也不希望每个木刻是一个单独的作品，而希望它是一个连续的故事。

◎ 木刻工具

刀具：木刻用的刀具跟橡皮章的刀具是一样的，最早刻橡皮的刀具也是用来刻木头的。这里的刀具依旧是角刀、丸刀，这里的角刀需要使用大点的角刀。唯一多出的刀具是平刀，用来剔除边缘多余的木头。

木材：书中所使用的木材都来自同一种：黑胡桃木。黑胡桃木的特点是耐腐朽，强度和韧度中等，比较好雕刻，颜色低调。一般稍微小点的作品使用厚度为2cm，稍微大点的作品厚度可以用3cm。

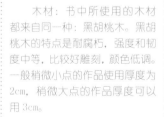

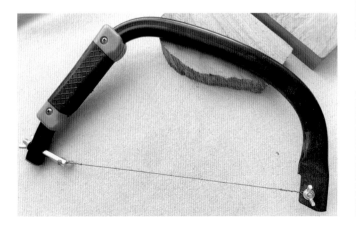

拉花手工线锯：对木头进行切割、处理边缘，就像橡皮章的边缘我们需要用美工刀切除，那木头的边缘就需要用锯切除，与一般的锯不同的是，这个喉深加宽了，有利于切割更大的图形。

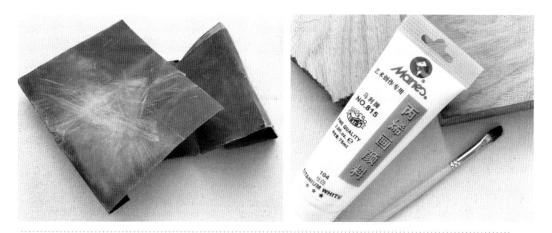

辅助工具：

砂纸，用来打磨抛光雕刻后的木头，使它更光滑，一般使用 500 目的砂纸即可。

白色丙烯：用来上色，使木刻作品达到做旧、提亮的效果。

◎ 雕刻过程：

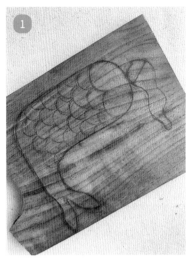

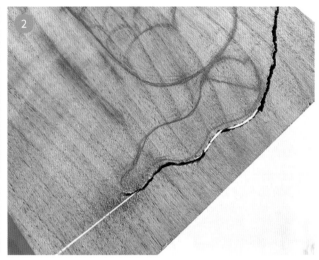

1. 用 2B 铅笔把需要雕刻的图案画到木板上，需要修改的地方用橡皮擦去即可。

2. 用拉花锯将边缘切割掉，注意切除时要离铅笔线稿有一些距离。拉花锯的使用方法，可用固定器将木板固定在桌子上进行切割，也可以把木板放在椅子上、左脚踩在木板上固定木板，两手拿锯进行切割。注意，使用拉花锯的时候一定要使锯线垂直，否则木板边缘会倾斜。

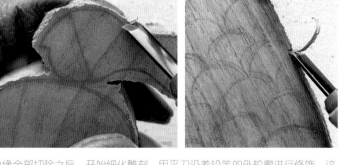

3. 继续切割，直至边缘全部被切除。

4. 边缘全部切除之后，开始细化雕刻，用平刀沿着铅笔的外轮廓进行修饰，这里需要小心操作，特别是人物的脸部轮廓。雕刻的时候我们需要一些防护措施，左手可以戴一个防切割手套，避免刀割破手指。

5. 如图，这个位置的修饰用平刀垂直用力切割，这里需要用到切割垫板，避免损坏桌子。

6. 比较细致的地方，可以用角刀进行雕刻。

7. 继续细化，把边缘修理干净，美人鱼的背面也需要修理。

8. 用角刀刻出美人鱼的鱼鳞。

9. 用角刀雕刻出头发和脸部的分界线。

10. 再用丸刀刻出美人鱼的脸部，这里的丸刀的使用方法和雕刻橡皮章的方法是一样的。

11. 开始雕刻美人鱼的身体，注意美人鱼的身体要和头部区分开，所以要挖得深一些，形成一个楼梯一样的层次感。

12. 用角刀再加深一下鱼鳞的部分，然后进行打磨，先从美人鱼的边缘开始，打磨光滑为止，美人鱼的背面也需要打磨。

13. 一些细节部分的打磨，比如头发、脸部、身体，可以把砂纸裁成长方形，卷到一个细的雕刻刀上，再进行打磨，打磨的时候需要耐心。

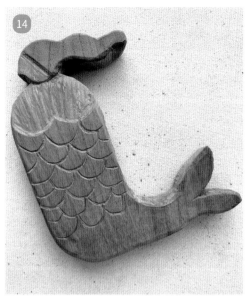

14. 接下来上色，用白色丙烯稍加水稀释，如果需要再旧一点的效果，可以稍加一些土黄色。调和完成后找一张白纸，把颜色蹭掉，留一点点颜色即可。

15. 上色的时候用干画法，用笔皴出一点点颜色在头发、鱼鳞和鱼尾部分。

16. 最后用打磨棒在边缘进行做旧打磨。

　　木刻不同于橡皮章，耗时比较长，但这就是乐趣所在，让我们听着音乐，泡杯茶，闻着木香，尽情地享受慢时光。

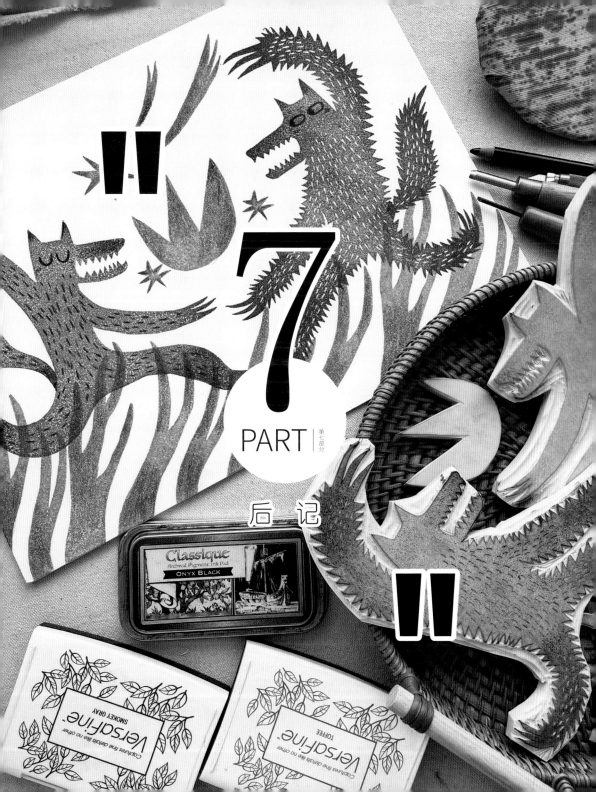

PART **7** 第七部分

后 记

POSTSCRIPT
后 记

　　希望你看完这本书之后，能够开启你新的橡皮章之旅，让你了解到橡皮章玩法的多样性，并不只是简单的图案，我们可以用橡皮章创作出丰富的插画作品。

　　其实橡皮章的基本雕刻方法很简单，经过几次练习之后就可以掌握，难点在于创作。

　　如何创作出有自己风格的作品？在自己风格形成之前，我们需要去临摹或者借鉴大师的作品，这些都是不可或缺的，没有哪个大师一生下来就有自己的风格，他需要多看多思考，他前期的作品往往有某些大师的影子，这说明他在吸收和学习，为了把它转化为自己的语言而做准备。

　　所以，这些都是我们需要经历的过程，这个过程可长可短，但是它并不是徒劳的。

　　当你雕刻一段时间之后，你肯定会有一大堆原创的想法在跃跃欲试，你可以试试怎样用橡皮章的方式来表现，祝你玩得愉快！

扫码开启
本书线上阅读之旅
建 议 配 合 二 维 码 一 起 使 用 本 书

教学步骤视频

本书配套讲解视频，降低您自主学习难度，高效学习
橡皮章插画制作技法。

此外，您还可以通过

◎赏析 **橡皮章插画作品** ▷ 借鉴优秀作品思路，激发创作活力

◎赏析 **世 界 名 画** ▷ 感受名画魅力，提高艺术审美能力

◎加入 **爱好者交流群** ▷ 与橡皮章插画爱好者们交流雕刻技巧

◎记录 **插 画 日 记 本** ▷ 生成自己专属的橡皮章插画制作手册

◎领取 **美术好书书单** ▷ 查看更多绘画艺术类精品好书

微信扫码
获 取 本 书
线 上 资 源